Nilima Karmakar
Sourav Mukhopadhyay
Arunabha Chakravarty

Impacto dos metais pesados no grão-de-bico - bioquímica, anatomia e citologia

Nilima Karmakar
Sourav Mukhopadhyay
Arunabha Chakravarty

Impacto dos metais pesados no grão-de-bico - bioquímica, anatomia e citologia

ScienciaScripts

Imprint

Cover image: www.ingimage.com

This book is a translation from the original published under ISBN 978-3-659-82093-9.

Publisher:
Sciencia Scripts
is a trademark of
Dodo Books Indian Ocean Ltd. and OmniScriptum S.R.L publishing group

120 High Road, East Finchley, London, N2 9ED, United Kingdom
Str. Armeneasca 28/1, office 1, Chisinau MD-2012, Republic of Moldova, Europe
Printed at: see last page
ISBN: 978-620-8-31916-8

ÍNDICE DE CONTEÚDOS

Introdução

As leguminosas são uma dádiva maravilhosa da natureza para o universo vivo. Na Índia, cultivamos mais de uma dúzia de leguminosas, sendo as mais importantes o grão-de-bico, a ervilha-de-angola, o feijão-mungo, o feijão-miúdo, a lentilha e o feijão-frade. O grão-de-bico *(Cicer arietinum L.)* é cultivado em mais de 42 países em todo o mundo. A Índia é o maior produtor, contribuindo com 67% da produção mundial (Khedar *et al.*, 2008). Na Índia, o grão-de-bico contribui com 40% da produção total de leguminosas. A área total cultivada com grão-de-bico é de cerca de 6,93 milhões de hectares, com uma produção de 8,08 milhões de toneladas. Na Índia, onde a maioria da população é pobre e vegetariana, depende de alimentos a baixo preço para satisfazer as suas necessidades alimentares. O grão-de-bico tornou-se mais importante para atenuar o problema da desnutrição proteico-energética. Para além de ser uma fonte rica de proteínas alimentares altamente digeríveis (19,4%), é também uma fonte rica em Ca, Fe, niacina e vitamina B. Fornece também 396K cal de energia a partir de 100g de sementes. O grão-de-bico também fixa até 141 kg de N/ha./ano. É utilizado como dal dividido ou farinha *(besan)* ou, por vezes, as sementes germinadas também são utilizadas para comer. As outras preparações de besan são doces, namkeen, snacks, etc. Hoje em dia, quando os recursos naturais estão a diminuir de dia para dia, as chuvas são irregulares e o ambiente está poluído por metais pesados. Grandes áreas de solos agrícolas estão contaminadas por metais pesados que provêm principalmente de actividades mineiras antigas ou actuais, de emissões industriais, da aplicação de corretivos agrícolas e de produtos de cal (Geldmacher, 1984). A contaminação do solo por metais pesados aumenta a absorção pelas plantas, provocando a sua acumulação em diferentes partes das plantas (Mathe-Gaspar *et al.*, 2005; Hamid *et al.*, 2010). A sua presença no ambiente tornou-se uma grande ameaça para as plantas, os animais e a vida humana devido à sua tendência para a bioacumulação e toxicidade (Toppi e Gabbrielli, 1999). Dos solos para as plantas, a transferência de metais pesados depende dos três factores seguintes: fator de quantidade (a quantidade total de elementos potencialmente disponíveis), fator de intensidade (a atividade e as proporções iónicas dos elementos na solução do solo) e cinética de reação (a taxa de transferência de elementos das fases sólida e líquida para as raízes das plantas) (Brummer *et al.*, 1986).

Os metais pesados são definidos como o grupo de elementos que têm uma densidade superior a cerca de 5gm/cm. Muitos deles como Co, Cu, Fe, Mn, Mo, Ni, Zn são micronutrientes essenciais e são necessários para o crescimento normal das plantas, que participam em reacções redox, transferências de electrões e outros processos metabólicos essenciais nas plantas (Michalak, 2006; Hamid *et al.,* 2010). Pb, Cd, Cr, Hg, Sb, Ag e As não têm função biológica conhecida como nutrientes e são mais ou menos tóxicos para as plantas e os microrganismos (Nies, 1999). O arsénio não é um metal redox. A exposição das plantas ao arseniato químico inorgânico ($AsO4^-$) e ao arsenito ($AsO3^-$) é a principal forma química que ocorre no solo. O arsénio acumula-se manualmente no sistema radicular e, em menor grau, nos órgãos mais desenvolvidos, inibe o crescimento e a acumulação de biomassa fresca e seca (Stova *et al.,* 2003) e provoca perturbações fisiológicas (Wells e Gilmar, 1997), bem como a reprodução da produção vegetal (Stepanok, 1998). Isto pode resultar em danos no ADN, nas proteínas e nos lípidos. O arsénio é um mutagéneo fraco mas um co-mutagéneo potente. Os arsenicais podem causar danos no ADN. A inibição das enzimas envolvidas na reparação do ADN pelo arsénio pode ser responsável pelos danos no ADN (Tran *et al.*, 2002). Além disso, o chumbo (Pb) é um dos poluentes de metais pesados potencialmente tóxicos do ambiente, sem função biológica conhecida, e a sua concentração aumenta rapidamente nos solos agrícolas (McGrath *et al.,* 1995). O chumbo elevado nos solos pode afetar negativamente a produtividade do solo e mesmo uma concentração muito baixa pode inibir alguns processos vitais das plantas, como a fotossíntese, a mitose e a absorção de água, apresentando sintomas tóxicos de folhas escuras, murchidão das folhas mais velhas, folhagem atrofiada e raiz curta castanha (Patra et *al.,* 2004). O chumbo também induz numerosas mitoses, juntamente com uma forte inibição do crescimento das raízes e uma diminuição da atividade meiótica. Além disso, o mercúrio (Hg) é um dos principais poluentes do solo devido à importação anual de mercúrio tóxico para as terras agrícolas (Patra e Sharma, 2000). O Hg tem o maior efeito inibitório na germinação de sementes, no alongamento das raízes e no crescimento do hipocótilo e do coleóptilo das plantas (Munzuroglu e Geckil, 2006). Os catiões de mercúrio têm uma elevada afinidade pelos grupos sulfidrilo e, consequentemente, podem perturbar quase todas as funções em que estejam envolvidas proteínas críticas ou não protegidas. O efeito mais notório e consistente do mercúrio é a indução da mitose, resultando na formação de células poliploides e aneuploides e de tumores (Patra *et al.,* 2004). Além disso, o arsénio, o chumbo e o mercúrio são venenos mitóticos eficazes (turbagénicos) em determinadas concentrações, devido à sua afinidade conhecida pelo grupo tiol e induzem vários tipos de perturbações do fuso. O efeito clostogénico é dependente de s. A disponibilidade de catiões afecta quantitativamente o número de aberrações produzidas. (Patra *et al.*, 2004). Assim, sabe-se que os metais pesados (AS, Pb e Hg) causam danos oxidativos às plantas, quer direta quer indiretamente, desencadeando um aumento do nível de produção de espécies reactivas de oxigénio (ROS). Estas ROS incluem o radical superóxido ($O_2^{\cdot-}$), o radical hidroxilo ($OH^{\cdot-}$) e o peróxido de hidrogénio (H_2O_2). Estes são produzidos como subprodutos durante a ligação das membranas, por exemplo, actividades, bem como por uma série de vias metabólicas e, por sua vez, causam danos às biomoléculas, tais como lípidos de membrana, proteínas, lípidos de membrana, pigmentos de cloroplasto, enzimas e ácido nucleico, etc. As plantas dispõem de um sistema de defesa antioxidante para combater os danos oxidativos, que inclui as enzimas catalase, peroxidase, SOD e as não enzimáticas, ascorbato, compostos fenólicos e glutatião reduzido, etc., que removem, neutralizam e eliminam as ROS (Sharma *et al.*, 2012). A família de metaloenzimas SOD catalisa a desproporção de O_2 em H_2O_2 e O_2 . Está presente em todos os organismos aeróbicos e nos componentes subcelulares susceptíveis ao stress oxidativo. As SOD são sensíveis a vários tipos de stress abiótico, presumivelmente em consequência do aumento da produção de ROS (Sharma *etal.*, 2012). Os metais pesados conduzem frequentemente a um aumento da produção de ROS, tendo sido proposto que a SOD é importante para a tolerância das plantas ao stress e constitui a primeira linha de defesa contra o efeito tóxico de níveis elevados de ROS. A SOD remove o O_2 catalisando a sua dismutação, sendo um o2- reduzido a H2O2 e outro oxidado a O_2 . Remove o O_2 e, por conseguinte, diminui o risco de formação de OH. através da reação do tipo Haber-weiss catalisada por metal (Gill e Tuteja, 2010). A peroxidação dos lípidos é considerada o processo mais prejudicial que se sabe ocorrer em todos os organismos vivos. A peroxidação lipídica (LPO) numa membrana é iniciada pela abstração de um átomo de hidrogénio numa cadeia de acilo gordo insaturado de um resíduo de ácido gordo poli-insaturado (PUFA), principalmente por OH. A peroxidação lipídica pode ser inibida pela supressão do início e da propagação da cadeia e/ou pelo aumento da terminação da cadeia. Os fenólicos são geralmente utilizados para prevenir os danos oxidativos através da eliminação de espécies activas de oxigénio, quebrando a reação em cadeia durante a peroxidação lipídica. Estes efeitos antioxidantes requerem a forma reduzida dos fenólicos, na forma oxidada, que actuam como peroxidantes (Sakihama *et al.*, 2002). A atividade antioxidante dos fenólicos deve-se principalmente às suas propriedades redox que lhes permitem atuar como agentes redutores, dadores de hidrogénio, supressores de oxigénio singlete ou quelantes de metais (Alia *et al.*, 2003; Amic *et al.*, 2003). A revelação acima referida obrigou à realização de um estudo sobre o impacto de alguns metais pesados, como o arsénio, o chumbo e o mercúrio, nos aspectos bioquímicos, anatómicos e citológicos do grão-de-bico.

Revisão da literatura

Resposta das plantas aos metais pesados

Atualmente, o papel dos metais pesados no sistema vegetal é amplamente estudado para comprovar o seu efeito prejudicial no crescimento e desenvolvimento das plantas. Os metais pesados, tanto em exposição aguda como crónica, interagem com muitos componentes celulares diferentes, interferindo assim com as funções metabólicas normais, causando lesões celulares e, em casos extremos, a morte do organismo. Para além dos mecanismos gerais de toxicidade dos iões metálicos, ou seja, (I) bloqueio dos grupos funcionais biológicos essenciais das enzimas e (II) modificação da conformação ativa das biomoléculas. (III) Deslocamento dos iões metálicos essenciais na biomolécula. Estudos demonstraram que os metais pesados, como o cádmio (Cd), o chumbo (Pb), o mercúrio (Hg), o níquel (Ni) e o vanádio (Vd), têm a capacidade de produzir intermediários reactivos de oxigénio (ROI), como as radículas de peróxido (O_2), peróxido de hidrogénio (H_2O_2), radical hidroxilo (OH^-) e oxigénio singlete ($^1O_2^-$), resultando em peroxidação lipídica, danos no ADN, depleção de sulfidrilo e alteração da homeostase do cálcio (Stohs e Bagchi, 1995). As provas crescentes sugerem, no entanto, que também nas plantas os efeitos tóxicos associados aos metais pesados podem dever-se, pelo menos em parte, a danos oxidativos (Lidon e Menriques, 1993; Shaw e Rout, 1998) e que estes danos afectam organelos vitais das plantas, o sistema vegetal e a maquinaria genética a concentrações relativamente baixas. Isto também induziu alterações qualitativas e quantitativas na membrana, tais como os lípidos da membrana, alterações no estado estrutural e funcional da despolarização da membrana devido à peroxidação dos lípidos da membrana. O texto apresenta as seguintes informações relatadas por vários autores sobre a toxicidade do arsénio, do chumbo e do mercúrio. A revisão completa está dividida em quatro subgrupos principais, que são os seguintes

I. Alterações dos caracteres morfológicos

II. Alterações dos caracteres fisiológicos e bioquímicos

III. Alterações dos caracteres anatómicos

IV. Alterações dos caracteres citológicos

Alterações dos caracteres morfológicos

Crescimento das raízes

Kachout *et al.*, (2009) estudaram os efeitos dos metais pesados na geração de sistemas de defesa antioxidantes nas folhas de plantas *Atriplex* cultivadas em solo com metais pesados como Cu, Ni, Pb, Zn. Os resultados mostraram que o crescimento das raízes foi muito mais afetado do que o crescimento dos rebentos devido à toxicidade dos metais. Noutra experiência, Islam e Muhammad (2007) realizaram uma experiência com cevada *(Hordeum vulgare L.)*, arroz *(Oryza sativa L.)* e trigo *(Triticum aestivum L.)* no controlo (0), 1, 5 e 10 μM de cobre (Cu), zinco (Zn), chumbo (Pb), magnésio (Mg) e sódio (Na). O resultado mostrou que o comprimento da raiz de todas as plântulas de culturas foi significativamente afetado pelo aumento de Cu, Pb e Zn. Por outro lado, o comprimento da raiz de todas as plântulas de culturas a 5 e 10 μM de Pb foi significativamente inferior (30-50%) ao das plântulas de controlo. Keilig e Ludwig-Muller (2009) estudaram *Arabidopsis thaliana* no que respeita ao teor de flavonas e mostraram que os flavonóides têm influência na tolerância a metais pesados. O tipo selvagem *de Arabidopsis* e as linhas mutantes com um defeito na biossíntese de flavonóides foram cultivados em meios contendo diferentes metais pesados, e foram avaliados dois parâmetros de crescimento. Foi demonstrado que o comprimento da raiz e o peso das plântulas foram mais reduzidos nos mutantes do que no tipo selvagem quando cultivados em cádmio (Cd).

Peso fresco e seco da raiz e do rebento

Gupta *et al.*, (2008) estudaram as diferentes variedades de grão-de-bico e observaram o crescimento da raiz e do rebento e o peso fresco, juntamente com alguns parâmetros químicos. Foi referido que o peso fresco e o comprimento da raiz e do rebento não sofreram grandes alterações, tendo-se registado um pequeno aumento do comprimento da raiz e do rebento com o arsenato.

Aydinalp e Marinova (2009) estudaram os efeitos de metais pesados na germinação de sementes e no crescimento de plantas *de alfafa*. Mostraram que o crescimento da raiz foi promovido pelo tratamento com metal pesado em comparação com o crescimento da raiz das plantas de controlo quando em baixa concentração, mas a inibição da raiz foi proeminente com o aumento da concentração de metal pesado.

Crescimento dos rebentos

Kachout *et al.*, (2009) estudaram os efeitos dos metais pesados que geram sistemas de defesa antioxidantes nas folhas de plantas Atriplex cultivadas em solo poluído com metais pesados (Cu, Ni, Pb, Zn). Os resultados mostraram que a exposição das plantas a diferentes níveis de metal reduziu a produção de matéria seca e a altura dos rebentos. Islam e Muhammad (2007) realizaram uma experiência de cultura com cevada *(Hordeum vulgare L.)*, arroz *(Oryza sativa L.)* e trigo *(Triticum aestivum L.)* no controlo (0), 1, 5 e 10 pM de cobre (Cu), zinco (Zn), chumbo (Pb), magnésio (Mg) e sódio (Na). A experiência fatorial 4 x 3 para cada metal foi montada num desenho completamente aleatório com quatro repetições. Foram medidos a germinação das sementes, o número total de raízes, o comprimento das raízes, a altura dos rebentos e a relação raiz: rebento das plântulas. O resultado mostrou que a altura do rebento das plântulas de trigo diminuiu significativamente a 10 µM de Cu, no entanto, a altura do rebento da cevada aumentou 15% em relação às plântulas de controlo. A altura quadrática dos rebentos da cevada foi observada com o aumento do Pb, enquanto a altura dos rebentos do trigo diminuiu 15% com o aumento do Pb. O efeito do [Zn] na altura dos rebentos das plântulas de cevada seguiu um padrão semelhante ao observado para o [Pb]. Kalyanaraman & Sivagurunathan (1993) relataram o efeito de metais pesados como Zn, Pb e Cu no crescimento da grama preta. A aplicação destes metais pesados à grama preta reduziu o peso seco da planta. As folhas acumularam a maior concentração destes três metais em comparação com o caule.

Peso da raiz e do rebento

Gupta *et al.*, (2008) estudaram as diferentes variedades de grão-de-bico e observaram o crescimento da raiz e do rebento e o peso fresco, juntamente com alguns parâmetros químicos.

Foi referido que o peso fresco e o comprimento da raiz e do rebento não sofreram grandes alterações, tendo-se registado um pequeno aumento do comprimento da raiz e do rebento com o arsenato. Bhardwaje *et al.*, (2009) e Theriappan *et al.*, (2011) estudaram com couve-flor e *phaseolus vulgaris L.* o efeito de metais pesados na raiz, no crescimento de rebentos e no seu peso fresco. Observou-se que o crescimento da raiz e do rebento diminuiu significativamente, seguido de uma diminuição do peso fresco em comparação com o controlo. Bhardwaj *et al.*, (2009) também estudaram o comportamento germinativo do phaseolus e o padrão de peso seco da raiz e do rebento. Foi relatado que, com diferentes concentrações de Cd e Pb, houve uma diminuição da acumulação de peso seco no crescimento das plântulas.

Alterações dos caracteres fisiológicos e bioquímicos

Compostos fenólicos

Como consequência do desenvolvimento industrial, o ambiente está cada vez mais poluído com metais pesados. As plantas possuem mecanismos homeostáticos que lhes permitem manter concentrações corretas de iões metálicos essenciais nos compartimentos celulares e minimizar os efeitos nocivos de um excesso de iões não essenciais. Um dos seus efeitos adversos nas plantas é a geração de espécies activas de oxigénio nocivas, que conduzem ao stress oxidativo. Para além dos sistemas antioxidantes bem estudados, que consistem em antioxidantes de baixo peso molecular e enzimas específicas, trabalhos recentes começaram a realçar o papel potencial dos flavonóides, fenilopropanóides e ácidos fenólicos como antioxidantes eficazes. Durante o stress causado por metais pesados, os compostos fenólicos podem atuar como quelantes de metais e, por outro lado, podem eliminar diretamente espécies moleculares de oxigénio ativo. Os fenólicos, especialmente os flavonóides e os fenilopropanóides, são oxidados pela peroxidase e actuam no sistema fenólico/ASC/POX de eliminação de H_2O_2. (Michalak, 2006). Rastgoo e Alemzadeh (2011) mostraram que os metais pesados afectam o crescimento, a morfologia e o metabolismo das plantas e demonstraram uma relação entre a toxicidade do metal, o stress oxidativo e as respostas de desintoxicação. Assim, trataram uma planta com diferentes concentrações (50 μM e 100 μM) de metais pesados durante uma semana e investigaram o conteúdo de compostos fenólicos como marcador de stress oxidativo. Os resultados da pesquisa indicaram que a quantidade de compostos antioxidantes não enzimáticos fenol aumentou significativamente em todos os tratamentos. Singh e Malik (2011) realizaram experiências laboratoriais para investigar a relação entre a fitotoxicidade induzida pelo Hg e o stress oxidativo e os efeitos benéficos dos fenóis totais e da putrescina. As plântulas foram tratadas com $HgCl_2$ na fase de plântula. As sementes foram previamente endurecidas com putrescina (0,5 mM). A acumulação de espécies reactivas de oxigénio (ROS) aumentou os fenóis totais em resposta ao stress causado por metais pesados. Propõe-se o papel dos fenólicos na atuação como quelantes de metais e na eliminação de espécies moleculares de oxigénio ativo. Foram efectuados estudos sobre a fitotoxicidade do chumbo em alguns parâmetros fisiobioquímicos, nomeadamente clorofila, proteínas, hidratos de carbono, ácido nucleico e teor de fenólicos de *Phaseolus vulgaris*. As plantas foram tratadas com acetato de chumbo e um controlo (sem qualquer tratamento) e semeadas em vasos. O aumento dos níveis de acetato de chumbo conduziu a várias perturbações nas plantas *de Phaseolus vulgaris*, tendo o teor fenólico das plantas aumentado com o aumento dos níveis de chumbo de metais pesados. (Hamid *et al.*, 2010). Kachout *et al.*, (2009) estudaram os efeitos dos metais pesados que geram sistemas de defesa antioxidante (ou seja, superóxido dismutase) nas folhas de plantas Atriplex cultivadas em solo poluído com metais pesados (Cu, Ni, Pb, Zn). Os resultados mostraram que as enzimas antioxidantes, apenas a superóxido dismutase (SOD), foram diminuídas pela toxicidade do metal. (Gunes *et al.*, 2009) Ao estudar o efeito da interação arsénio-fósforo no stress oxidativo induzido pelo arsénio em plantas de grão-de-bico. O stress oxidativo induzido pelo arsénio no grão-de-bico foi investigado em condições de estufa em resposta à aplicação de arsénio e fósforo. Foram aplicados três níveis de arsénio (0, 30 e 60 mg kg^{-1}) e quatro níveis de P (50, 100, 200 e 400 mg kg^{-1}) a plantas cultivadas no solo. Os níveis crescentes de arsénio e P aumentaram significativamente as concentrações de arsénio nas plantas. A atividade da superóxido dismutase (SOD) e as concentrações de antioxidantes não enzimáticos diminuíram nestas plantas, mas as actividades da catalase (CAT) e da ascorbato peroxidase (APX) aumentaram significativamente sob fitotoxicidade do arsénio. Rastgoo e Alemzadeh (2011) trataram plântulas de um mês com Cd, Pb, Co, etc., com 50-100 µM de metal pesado e observaram que a atividade da superóxido dismutase, da guiacol peroxidase e da catalase aumenta juntamente com a acumulação de proteínas solúveis. Numa outra experiência, Singh e

Malik (2011) investigaram a relação entre a fitotoxicidade induzida por Hg e o stress oxidativo. Propuseram que os tratamentos com HgCl2 aumentassem as actividades da SOD, da ascorbato peroxidase e da catalase. O papel da enzima anti-oxidante SOD, catalase com o aumento do metal pesado no sistema vegetal e o seu efeito de desintoxicação também foi apoiado por Dey *et al.*, (2007).

Peroxidação lipídica

Davies (2001) e Fam (2003) mostraram que, num ambiente aeróbico, o oxigénio se adiciona ao ácido gordo no radical lipídico centrado no carbono para dar origem a um ROO·. Uma vez iniciado, o ROO· pode propagar a reação em cadeia da peroxidação abstraindo um átomo de hidrogénio das cadeias laterais adjacentes de AGPI. O hidroperóxido lipídico resultante pode decompor-se facilmente em várias espécies reactivas, incluindo: radicais alcoxilo lipídicos, aldeídos (malonildialdeído), alcanos, epóxidos lipídicos e álcoois. Assim, um único evento de iniciação tem o potencial de gerar múltiplas moléculas de peróxido através de uma reação em cadeia. Os efeitos globais da LPO são a diminuição da fluidez da membrana, a facilitação da troca de fosfolípidos entre as duas metades da bicamada, o aumento da permeabilidade da membrana a substâncias que normalmente não a atravessam, a não ser através de canais específicos, e a danificação das proteínas da membrana, inactivando receptores, enzimas e canais iónicos.

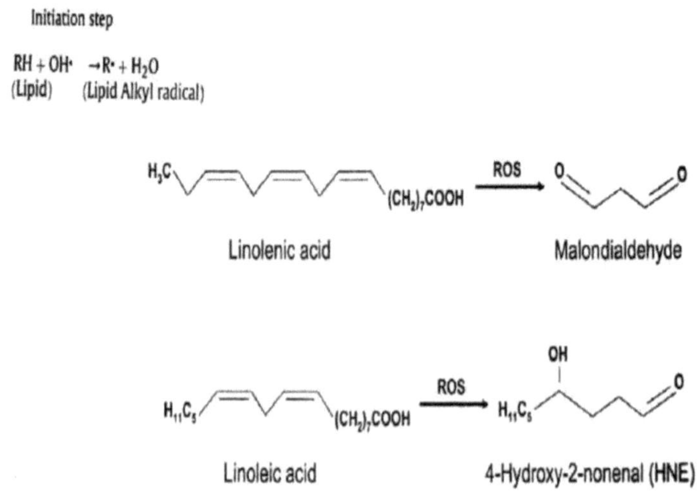

Etapa de propagação

$R^{\cdot} + O2 \rightarrow ROO^{\cdot}$

(radical peroxi dos lípidos)

$ROO^{\cdot} + RH \rightarrow ROOH + R^{\cdot}$

$ROOH \rightarrow RO.$ Epóxidos; hidroperóxidos, glicol, aldeídos

Etapa de rescisão

$R^{\cdot} + R^{\cdot} \rightarrow R + R$

(dímero de ácido gordo)

$R^{\cdot} + ROO^{\cdot} \rightarrow ROOR$

(dímero com ponte de peróxido)

$ROO^{\cdot} + ROO^{\cdot} \rightarrow ROOR + O2$

(dímero com ponte de peróxido)

Vários aldeídos, como o 4-hidroxi-2-nenal (HNE) e o MDA, bem como os ácidos gordos hidroxilo e ceto, são formados como resultado da peroxidação dos PUFA.(Gill e Tuteja, 2010) Singh e Malik (2011) realizaram experiências laboratoriais para investigar a relação entre a fitotoxicidade induzida pelo Hg e o stress oxidativo e os efeitos benéficos dos fenóis totais e da putrescina. As plântulas foram tratadas com $HgCl_2$ na fase de plântula. As sementes foram previamente endurecidas com putrescina (0,5 mM). A acumulação de espécies reactivas de oxigénio (ROS) aumentou. A peroxidação lipídica aumentou em % com $HgCl_2$, o que causou um aumento da fuga. A putrescina diminuiu a peroxidação lipídica e, consequentemente, a fuga de electrólitos. Os efeitos do stress por múltiplos metais pesados na atividade das enzimas antioxidantes e na peroxidação lipídica foram estudados em folhas e raízes de duas plantas de mangue, *Kandelia candel* e *Bruguiera gymnorrhiza,* cultivadas sob controlo (solução nutritiva de NaCl a 10 por mil) ou cinco níveis de stress por múltiplos metais pesados (solução nutritiva de NaCl a 10 por mil contendo diferentes concentrações de Pb^{2+} , Cd^{2+} e Hg^{2+}). As folhas e as raízes das plantas de controlo e das plantas sujeitas a stress por metais pesados foram colhidas após dois meses. A peroxidação lipídica foi aumentada apenas nas folhas de *B. gymnorrhiza* submetida a stress por metais pesados. Estes resultados indicam que, no stress causado por metais pesados, as actividades antioxidantes podem desempenhar um papel importante em *K. candel* e *B. gymnorrhiza* e que a membrana celular nas folhas e raízes de *K. candel* tem maior estabilidade do que as de *B. gymnorrhiza.* Para fins de monitorização da poluição, a atividade da POD nas raízes e nas folhas pode servir como biomarcador do stress de metais pesados em *K. candel*, enquanto a peroxidação lipídica pode servir como biomarcador em *B. gymnorrhiza.* (Zhang *et al.,* 2007). Verma e Dubey (2003), quando plântulas de duas cultivares de arroz *(Oryza sativa L.*) foram cultivadas em areia sob 500 e 1000 mM de $Pb(NO3)^2$ no meio, o comprimento e o peso das raízes e dos rebentos diminuíram com o aumento da concentração de Pb. As plântulas tratadas com Pb apresentaram níveis elevados de peróxidos lipídicos com um aumento concomitante das actividades das enzimas superóxido dismutase (SOD) em comparação com os controlos. O nível de acumulação de Pb nas plântulas foi muito mais elevado do que o fornecido. As plântulas cultivadas durante 5/20 dias na presença de 1000 mM $Pb(NO3)^2$ mostraram um aumento de cerca de 21/177% no nível de substâncias que reagem ao ácido tiobarbitúrico (TBARS) nos rebentos, indicando uma maior peroxidação lipídica em comparação com os controlos. Com o aumento do nível de tratamento com Pb, as peroxidases in situ apresentaram maior aumento de atividade do que a SOD. Morsy *et al.*, (2012) relataram que, durante o cultivo de duas plantas em diferentes áreas poluídas por metais pesados, foi constatada a acumulação de metais pesados na parte dos rebentos, juntamente com as actividades das enzimas antioxidantes da peroxidação lipídica e da membrana plasmática da raiz. Isto confirmou que a toxicidade aumenta as actividades da reação de peroxidação lipídica no sistema radicular.

Alterações dos caracteres citológicos

Anomalias cromossómicas

Kumar *et al.*, (2008) utilizaram diferentes concentrações de nitrato de chumbo: 25, 50, 100, 200 e 300 ppm. A percentagem de anomalias aumentou com a concentração de nitrato de chumbo. Foram observados diferentes tipos de anomalias cromossómicas devido à toxicidade dos metais pesados, tais como bivalentes condensados, associação secundária, retardatários, pontes, citomixis e stickiness. Uma das anomalias mais interessantes foi a ligação citoplasmática entre os PMCs em diferentes fases da divisão e a aderência na anáfase II. A percentagem máxima de citomixis (15,3%) foi observada na concentração de 100 ppm de PbNO3. Observou-se que a viscosidade aumentava drasticamente com concentrações mais elevadas de $PbNO_3$ Somesh *et al.*, (2005) apresentaram resultados interessantes sobre o comportamento cromossómico em *Allium cepa* com chumbo e zinco. Estes metais pesados mostraram um efeito estimulante no índice mitótico a concentrações mais baixas (100 ppm e 250 ppm), enquanto que a concentrações mais elevadas (500 ppm, 750 ppm e 1000 ppm) mostraram um efeito inibitório no índice mitótico. Foram observadas várias aberrações cromossómicas como: Separação de cromátides, quebra cromossómica, dispersão, pegajosidade, extrusão, ponte, abolição de polaridade, etc. Tripathi e Girjesh (2010) realizaram estudos citogenéticos para avaliar o efeito genotóxico de dois metais pesados, nomeadamente o chumbo (Pb) e o zinco (Zn), nas células gaméticas da ervilha-de-cheiro *(Lathyrus sativus)*. O nosso estudo apresentou um caso grave de aderência dos cromossomas na meiose, prejudicando a segregação normal dos cromossomas. Este fenómeno persistiu até à fase de micrósporo. A manifestação da pegajosidade variou de ligeira a intensa, seguida de degeneração cromossómica. A pegajosidade, juntamente com fusos anormais, segregação cromossómica irregular e núcleos picnóticos, foram considerados as causas mais prováveis da baixa fertilidade do pólen encontrada em ambos os tratamentos com metais em doses mais elevadas.

Alterações dos caracteres anatómicos

O efeito do fosfato de etil mercúrio e do troféu hyps produzido em plântulas de milho mostrou que houve um espessamento dos primórdios foliares e a formação de lóbulos irregulares, na região da plúmula a divisão celular é inibida, por vezes na fase tardia torna-se multinucleada e poliploidia (Sass, 1937). O aumento do número de tecidos do xilema pode ser devido ao aumento da taxa de transpiração sob stress de metais pesados. O espessamento da parede celular e a redução do número de células na região cortical das raízes podem dever-se à acumulação de metais pesados na parede celular e nos vacúolos das células corticais Parmar *et al.,* (2012). Uma observação crescente relatada por Hussain (2010) sobre a planta *Bacopa monnieri,* crescendo em água poluída com Al, As, Cd, etc., onde os caracteres anatómicos da planta foram observados nos vasos do xilema, onde se verificou uma deposição de massas coradas com saffranina.

Materiais e métodos

Para estudar a influência de diferentes metais pesados, nomeadamente arsénio, chumbo e mercúrio, no nível de fenol total e livre, nas actividades da SOD e na peroxidação lipídica, bem como nos parâmetros filológicos, anatómicos e citológicos das plântulas de grão-de-bico, foi realizada uma experiência laboratorial. Os pormenores relativos ao material utilizado e ao método adotado na experiência laboratorial, à preparação das amostras e aos parâmetros acima mencionados são apresentados a seguir.

Localização

A experiência foi realizada no laboratório do Departamento de Bioquímica Agrícola, F/AG, B.C.K.V., Mohanpur, Nadia West Bengal em condições controladas durante 2012. A localização do sítio experimental era 220 56' de latitude norte e 880 32' de longitude leste.

Cultivar utilizada

As sementes de grão-de-bico foram colhidas na "Pulses and Oilseeds Research Station, Berhampore".

Pormenores dos tratamentos

1	Arsenic trioxide (As_2O_3)	-	5 ppm solutions
2	Mercuric chloride ($HgCl_2$)	-	20 ppm solutions
3	Lead nitrate ($PbNO_3$)	-	40 ppm solutions
4	Control	-	only distilled water

Instalação experimental

A experiência foi realizada em plântulas de grão-de-bico com seis, nove e doze dias de idade, as sementes frescas de grão-de-bico *(Cicer arietinum L.)* foram germinadas na placa de vidro e sujeitas a três tipos de stress de metais pesados, separadamente, como mencionado acima. A germinação das sementes foi efectuada no método da placa de vidro em condições laboratoriais. Neste método, pegou-se numa placa de vidro com 7" de comprimento e 5" de largura, sobre a qual se colocou papel absorvente lavado com 6 "x5", de modo a que a ponta de 1" da placa de vidro ficasse livre. As sementes embebidas foram colocadas sobre o papel mata-borrão, sem deixar espaço entre elas. Em seguida, cobriu-se com uma tira de papel mata-borrão húmido com 1" de largura e fixou-se com a ajuda de uma jardineira ao longo da largura da placa de vidro. Para garantir que nenhuma semente escorregue da sua posição original. O conjunto foi então colocado numa embalagem de polietileno contendo 10 ml de água destilada ou diferentes soluções de metais pesados e, finalmente, colocado num suporte de placa de forma inclinada. Foram mantidas quatro placas de vidro para cada tratamento mencionado anteriormente (Roy e Bera, 2002). Como a germinação das sementes de grão-de-bico é óptima a 21,1°C, foi fixada a mesma temperatura na BOD para obter uma germinação uniforme.

Amostragem

As amostras de raízes e rebentos das plântulas de grão-de-bico foram recolhidas no 6º, 9º e 12º dias após o aparecimento, tendo sido imediatamente utilizadas para as análises bioquímicas seguintes, juntamente com os parâmetros anatómicos e citológicos. No entanto, os estudos anatómicos e citológicos foram efectuados apenas em amostras de raízes frescas do 6º dia.

Registo de dados

Os dados individuais registados durante o estudo dos parâmetros fisiológicos e bioquímicos foram considerados separadamente para análise estatística. Os parâmetros considerados para análise podem ser agrupados nas seguintes categorias

I	Parâmetros fisiológicos
II	Parâmetros bioquímicos
III	Parâmetros anatómicos

IV	Parâmetros citológicos

Parâmetros fisiológicos para o crescimento das plantas

A)	Comprimento da raiz
B)	Comprimento do rebento
C)	Peso fresco da raiz
D)	Peso fresco do rebento
E)	Peso seco da raiz
F)	Peso seco do rebento

Parâmetros bioquímicos

A)	Teor total de fenóis
B)	Teor de freefenol
C)	Atividade da Super OxideDismutase
D)	Reação de peroxidação lipídica

Parâmetros anatómicos

A) Alterações morfo-anatómicas do sistema radicular

B)

Estudos citológicos

A) Anomalias cromossómicas

Análises bioquímicas

Determinação dos fenóis livres e totais

O teor de fenol total de extractos de amostras frescas de raiz e rebento de grão-de-bico de 6, 9 e 12 dias foi medido pelo método estabelecido por Vinson *et al.*(1998). Para a determinação do fenol não conjugado (livre), 1 grama da amostra fresca foi aquecida com 15 ml de metanol aquoso a 50% num tubo de centrifugação durante 2 horas num banho de água a 900 C com agitação intermitente durante 2 horas. Outra amostra pesada (1 grama) foi aquecida com 15 ml de HCl 1,2 em metanol aquoso a 50% durante 2 horas a 900 C para medir os fenóis não conjugados e conjugados (totais). Após arrefecimento, os tubos de centrifugação foram centrifugados a 10.000 rpm durante 30 minutos. O sobrenadante foi decantado para um tubo graduado e o volume foi completado para 25 ml com a respectiva solução (metanol aquoso a 50% para o fenol livre e HCl 1,2 em metanol aquoso a 50% para o fenol total). Para a estimativa do fenol, diluiu-se uma alíquota adequada (0,4 ml para o fenol livre e 0,2 ml para o fenol total) até 3 ml com água destilada e adicionou-se 0,5 ml de reagente de Folin-ciocalteau. Após 3 minutos, adicionaram-se 2 ml de carbonato de sódio a 10%. Os tubos foram então mantidos a 600 C durante 8 minutos. A solução foi arrefecida e a absorvância foi lida a 650 nm.

Determinação da atividade da superóxido dismutase

O ensaio baseou-se na capacidade dos extractos para inibir a redução fotoquímica do azul de nitro tetrazólio (NBT) na presença do sistema riboflavina-luz-NBT (Beyer e Fridovich, 1971). 1 g de amostra fresca foi extraído com 10 ml de água destilada. Após centrifugação a 10.000 rpm durante 30 minutos, o sobrenadante obtido foi utilizado como fonte de enzima. Cada mistura de reação de 6 ml continha 3,6 - 4,4 ml de tampão fosfato 0,05 (M) (pH 7,8), 0,4 ml de 20 μM de metionina, 0,4 ml de 1,12 μM de NBT, 0,4 ml de 1,5 μM de EDTA, 0,4 ml de 75 μM de riboflavina e 0,2-0,8 ml de extrato enzimático. A riboflavina foi utilizada como último componente e os tubos foram agitados e colocados 30 cm abaixo de uma base de luz constituída por duas lâmpadas fluorescentes de 15 W. A reação foi iniciada ligando a luz e deixou-se decorrer durante 10 minutos. Após 10 minutos, a reação foi interrompida desligando as luzes. A absorvância da mistura de reação foi lida a 560 nm. Uma mistura de reação não irradiada apresentou uma absorção nula a 560 nm, enquanto a mistura de reação sem enzima desenvolveu a cor mais intensa. A cor diminuiu com o aumento do volume do extrato. O gráfico do log A560 foi elaborado em função do volume de extrato enzimático na mistura de reação. Foi calculado o volume de extrato enzimático que produz 50% de inibição da reação. Uma unidade de atividade de superóxido dismutase foi definida como a enzima que causou uma inibição de 50% da taxa inicial de reação na ausência de enzima.

Peroxidação lipídica

A reação de peroxidação lipídica foi realizada segundo o método de Ohkowa *et al.* (1979).

Reagentes:

a) Dissolveram-se 20 g de ácido tricloroacético (TCA) em 100 ml de água.
b) Dissolveu-se 0,5 g deste ácido barbitúrico em 100 ml de TCA a 20%.
c) Dissolveram-se 4 g de hidroxitolueno butilado (BHT) em 100 ml de etanol desidratado.

Procedimento

1 g de tecido vegetal foi extraído para uma solução de TCA a 200%. Depois disso, foi homogeneizado e centrifugado a 10.000 rpm durante 15 minutos. Agora, 1 ml de amostra alinha 3 ml de solução de TBA e 200 ml de soluções de BHT a 4% foram misturados num tubo de ensaio e aquecidos a 95°C durante 30 minutos. Após o aquecimento, os tubos de ensaio foram arrefecidos em gelo e a absorvância foi medida a 532 nm.

Análise anatómica

As plântulas de grão-de-bico foram cultivadas em controlo e em diferentes concentrações da solução de tratamento durante seis dias em condições laboratoriais. As raízes foram então retiradas ou separadas e foram feitas secções para estudar as anomalias no comportamento anatómico da raiz devido à toxicidade dos metais pesados. As secções foram observadas em microscópio composto de baixa e alta resolução.

Estudos citológicos

Foram efectuados estudos citológicos com as pontas das raízes tratadas com diferentes concentrações de metais pesados, durante seis dias. Os procedimentos para estudos citológicos são os seguintes Após os tratamentos, as raízes foram primeiramente fixadas em fixador às 8:30 da manhã. As pontas das raízes foram colocadas num frasco de vidro contendo fixador de Aceto-Álcool (1:3) durante duas horas. As raízes fixadas foram então tratadas com um corante contendo 2% de aceto-orceína e 0,1 HCL normal na proporção de 1:9 e depois ligeiramente aquecidas com a ajuda de uma lâmpada de álcool para uma coloração adequada. Os materiais foram mantidos no frasco durante cerca de meia hora. As pontas das raízes foram então colocadas numa lâmina de vidro limpa e sem gordura sobre uma gota de ácido acético a 45%.

As pontas das raízes foram então corretamente espalhadas na lâmina coberta com um vidro de cobertura. As observações das preparações citológicas foram efectuadas ao microscópio e as fotografias das diferentes fases mitóticas foram tiradas com a ajuda de um microscópio Carl Zeiss, utilizando uma ocular de 40 X e objectivas de 40 X.

Resultados e discussão

O efeito tóxico de metais pesados como o arsénio (AS_2O_3 5 ppm), o mercúrio ($HgCl_2$ 20 ppm) e o chumbo ($PbNO_3$ 40 ppm) foi estudado em *Cicer arietinum L.* em condições laboratoriais. O crescimento das plântulas foi efectuado segundo o método da placa de vidro e os dados relativos ao crescimento das raízes e dos rebentos foram registados aos seis, nove e doze dias da sua fase de crescimento. O efeito nocivo dos metais pesados nas plantas foi registado no que diz respeito aos parâmetros morfológicos e foi confirmado por parâmetros bioquímicos relativos à formação de radicais livres. A Fig. 1 representa o padrão de crescimento da raiz do grão-de-bico que foi tratado com metais pesados como o arsénio, o mercúrio e o chumbo em diferentes dias de crescimento. Os efeitos prejudiciais dos metais no crescimento das raízes foram comparados com o controlo não tratado, cultivado em água pura. A partir dos dados, observou-se que o crescimento das plântulas em água pura durante o período de seis, nove e doze dias mostrou um crescimento normal das raízes, enquanto o crescimento das plântulas em solução de metais pesados de 5 ppm de arsénio, 20 ppm de mercúrio e 40 ppm de chumbo mostrou uma inibição significativa no padrão de crescimento das raízes nos três tratamentos. A inibição máxima do crescimento radicular foi observada no arsénio, seguido do chumbo e do mercúrio, em comparação com o controlo. Os resultados obtidos na presente experiência indicam que os metais pesados em estudo causam danos moderados a graves nos tecidos das plantas, dependendo do seu efeito de toxicidade. Para avaliar a intensidade dos danos causados pelo tratamento com metais pesados, foram estudados os crescimentos dos rebentos dos diferentes tratamentos, juntamente com o controlo, e foram feitas comparações com o conjunto de controlo, apresentadas na Fig. 2. Observou-se que o efeito nocivo máximo foi causado pelo arsénio a uma concentração de 5 ppm, seguido do mercúrio e do chumbo. A partir da fase de crescimento geral da raiz e do rebento, pode concluir-se que, entre os três metais tóxicos, o arsénio foi mais tóxico do que o mercúrio e o chumbo foi menos tóxico no que diz respeito aos danos no rebento. Esta observação pode ser corroborada por outros trabalhadores em culturas de trigo e arroz. O efeito do chumbo e do zinco, onde mostraram que o comprimento da raiz e do rebento foi drasticamente afetado (Islam e Mahammd 2007). Outros estudos realizados por Aydinalm *et al.* (2009) também registaram a inibição da raiz em alfafa por metais pesados. Esta inibição do crescimento de raízes e rebentos por metais tóxicos deve-se à inibição do processo de multiplicação. Os pesos frescos da raiz das plântulas dos diferentes tratamentos foram estudados juntamente com o controlo. A partir dos dados observados, verificou-se que, ao longo dos dias de crescimento, ou seja, seis dias, nove dias e doze dias de plântulas, houve um aumento gradual do peso fresco em todos os tratamentos, ao longo dos dias de crescimento, no entanto, o aumento mínimo do peso fresco foi observado na raiz das plântulas tratadas com arsénio, em comparação com o mercúrio, o chumbo e o controlo. Curiosamente, o aumento do peso fresco no caso do arsénico e dos restantes tratamentos apresentou uma diferença significativa (Fig. 3). No que diz respeito à acumulação de matéria seca, os resultados indicam que o peso seco máximo acumulado no conjunto de controlo e a acumulação mínima observada no tratamento com arsénio, seguido do mercúrio e do chumbo. A tendência de acumulação de peso seco foi muito semelhante aos seis dias, nove dias e doze dias de plântula e o peso seco mínimo aumentou no tratamento com arsénio (Fig. 4). A partir dos resultados acima referidos, pode concluir-se que o aumento do peso fresco no conjunto de controlo, nos tratamentos com mercúrio e chumbo é superior ao do arsénio, devido à maior toxicidade do arsénio nas células das raízes do que a do mercúrio e do chumbo. As raízes das plântulas tratadas com mercúrio e chumbo não foram tão danificadas como as das plântulas tratadas com arsénico. A partir dos estudos globais, pode concluir-se que a fotossíntese para o conjunto de controlo, a acumulação foi muito menor no caso do arsénio em comparação com outros tratamentos, principalmente devido à diminuição das actividades fotossintéticas nas plântulas.

A Fig. 5 apresenta o peso fresco dos rebentos dos diferentes tratamentos do grão-de-bico. Os resultados indicam que o peso fresco das plântulas submetidas a stress com arsénico diminuiu significativamente em comparação com o mercúrio e o chumbo, em relação ao controlo. Após o tratamento com arsénio, a diminuição do peso fresco foi distinta no caso do tratamento com mercúrio. Mas, curiosamente, o peso fresco das plântulas tratadas com chumbo não foi muito diferente do do controlo. O que indica que a toxicidade no caso do chumbo não foi tão prejudicial como a dos outros tratamentos. O peso seco do rebento mostrou uma acumulação mínima de peso seco nas plântulas tratadas com arsénico, seguido do chumbo e do mercúrio. Para além do arsénio, os outros dois tratamentos com metais pesados apresentaram declínios no peso seco, mas o declínio entre os dois foi mais ou menos igual (Fig. 6). Os resultados indicam que não só a raiz, mas também a parte do caule foram igualmente afectadas pelos tratamentos com metais pesados, o que possivelmente se deve à translocação e acumulação de metais pesados na região das células do rebento, causando toxicidade para essas células.

Os parâmetros morfológicos já elaborados relativamente à toxicidade de metais pesados seriam ainda mais substanciados por estudos enzimáticos específicos em diferentes períodos de crescimento das plântulas. As enzimas estudadas estão relacionadas com o fator de stress e, de alguma forma, defendem os tecidos do efeito da toxicidade. Entre as muitas enzimas relacionadas com o stress que foram estudadas em relação ao stress por metais pesados, a peroxidação lipídica é uma das reacções mais importantes impostas pelo stress oxidativo, devido à oxidação de lípidos na estrutura da membrana. A formação de espécies reactivas de oxigénio (ROS) provoca danos drásticos na própria membrana, formando ligações com ela. Na presente experiência com plântulas de grão-de-bico tratadas com arsénio, mercúrio e chumbo, que iniciam a reação de peroxidação lipídica formando radicais livres de oxigénio. Os resultados experimentais mostraram que a peroxidação lipídica foi máxima no caso do tratamento com arsénico, seguido do tratamento com chumbo e mercúrio. No entanto, a peroxidação lipídica foi muito menor no tratamento com mercúrio e chumbo do que no tratamento com arsénico, mas foi sempre superior à do controlo em todas as fases de crescimento (Fig. 7).

Também indica que a intensidade dos danos causados pelo arsénio foi muito mais grave do que a dos outros dois, como o da raiz. O mesmo tratamento de resultado também foi relatado em diferentes culturas com chumbo, mercúrio e cádmio, onde o stress dos metais aumentou a reação de peroxidação lipídica (Zhang *et al.,* 2007; Morsy *et al.*,2012).

No sistema de rebentos do grão-de-bico, o resultado foi exatamente semelhante ao da raiz no que diz respeito à reação de peroxidação e a experiência anterior de outros trabalhadores com metais pesados mostrou uma tendência semelhante de resultados com pouca variação. A partir do resultado, pode concluir-se que o arsénio causa sempre danos, independentemente da raiz e do rebento, tendo sido registados menos danos no caso do mercúrio e do chumbo (Fig. 8).

A Fig. 9 apresenta os dados do teor de fenol total da raiz. Ao longo do período de crescimento, o teor de fenóis totais aumentou aos doze dias de plântula, mas o teor de fenóis totais foi máximo nas plântulas tratadas com arsénio, seguido de mercúrio, chumbo e depois do controlo. No entanto, o teor de fenóis totais no rebento aumentou nas plântulas tratadas com metais pesados, em comparação com o controlo. Na fase inicial de crescimento não houve muita diferença, mas à medida que o crescimento prossegue, o fenol total aumenta aos doze dias de envelhecimento. O teor de fenol total no caso do mercúrio e do chumbo não foi muito diferente, mas foi significativamente mais elevado no caso do tratamento com arsénio (Fig. 10). Foi referido por trabalhadores anteriores que o fenol ou o ácido fenólico actuam como antioxidante no stress causado por metais pesados. Assim, sob stress de metais pesados, permite um aumento substancial da acumulação de ácido fenólico. Estes compostos fenólicos actuam geralmente como catalisadores de metais e, por outro lado, podem eliminar diretamente espécies moleculares de oxigénio ativo. Mas, nos presentes dados experimentais, o teor de fenóis totais não se correlacionou com a peroxidação lipídica, uma vez que a peroxidação lipídica foi significativamente mais elevada no caso do arsénio, mas, pelo contrário, o teor de fenóis totais foi suficientemente inferior em comparação com outros tratamentos. A possível razão para esta discrepância deve-se ao facto de o estudo não enzimático do teor de fenóis se ter sobreposto aos estudos enzimáticos.

Os trabalhadores anteriores também estudaram a propriedade antioxidante do fenol em relação ao stress de metais pesados e observaram mais ou menos a mesma tendência de resultado que foi observada nos presentes estudos experimentais (Michalak, 2006; Sastgoo e Alemzadeh, 2011).

A Fig. 11 apresenta o teor de fenol livre nas células radiculares devido ao stress por metais pesados de arsénio, mercúrio e chumbo, mas observou-se a partir do resultado que o teor de fenol livre foi significativamente mais elevado sob um stress por metais pesados em comparação com o controlo. Entre os tratamentos com metais pesados, observou-se um aumento do teor de fenol livre no chumbo, seguido do mercúrio e do arsénio. A partir da literatura anterior, o papel dos compostos fenólicos no stress por metais pesados do phaseolus e de outras culturas observou a mesma tendência de resultados que foram registados nos presentes estudos experimentais. Em todos os relatórios, registou-se um aumento substancial de fenol em plantas tratadas com metais pesados. O aumento do fenol livre não conjugado indica que os danos causados pelo metal pesado podem ser atenuados pelo aumento do fenol (Rastgoo, 2011; Hamid *et al.*, 2010). No que respeita ao rebento, a tendência dos resultados obtidos foi muito semelhante à da raiz. A acumulação de fenol em todos os dias de registo foi muito mais elevada no caso do mercúrio e do chumbo, seguidos do arsénio. No caso do rebento, observou-se que, aos doze dias de crescimento, o teor de fenol no caso do controlo excede o teor de fenol das plantas com arsénio. A razão para este tipo de acumulação de fenólicos no conjunto de controlo não é muito clara. No entanto, a acumulação de fenólicos no mercúrio e no chumbo justifica a razão do aumento relatado por trabalhadores anteriores em diferentes culturas (Fig.12) em relação aos tratamentos com metais pesados.

As actividades da SOD nos sistemas radicular e de rebentos foram estudadas no grão-de-bico e os resultados foram apresentados nas Figuras 13 e 14. No sistema radicular, as actividades da SOD nos tratamentos com metais pesados diminuem substancialmente em todas as fases de crescimento das plântulas, em comparação com o controlo. As actividades da SOD no caso do arsénio foram muito inferiores às dos outros dois tratamentos com metais pesados e do controlo.

A tendência dos resultados observados no caso da raiz e do rebento foi relatada por Kachout *et al.*, (2009) e Gunes *et al.*, (2009), contrariamente a estes resultados obtidos nas actividades de SOD no sistema de rebentos, o aumento da SOD foi significativo ao longo dos dias de crescimento das plântulas em todos os tratamentos com metais pesados, em comparação com o controlo. A atividade máxima da SOD foi encontrada no tratamento com chumbo, seguida do mercúrio e do arsénico, e este aumento da SOD também foi relatado por Rastgoo e Alemzadeh (2011), que relataram a inibição da atividade da SOD, mas esta tendência inversa do resultado ainda não era clara.

Alterações morfo-anatómicas do sistema radicular

O comportamento morfológico da raiz estudado em relação ao tratamento com metais pesados e ao controlo é mostrado em fotografias. A placa 1 mostra que o crescimento da raiz foi luxuriante com crescimento profuso e comportamento de ramificação (placa 1). O sistema radicular era maioritariamente normal no seu padrão de crescimento. Do ponto de vista anatómico, no conjunto de controlo, a raiz mostrou uma anatomia normal sem quaisquer anomalias no comportamento dos tecidos (placa 5. I). A placa 2 apresenta as fotografias de plântulas de grão-de-bico cultivadas sob arsénio com uma concentração de 5 ppm. Do ponto de vista morfológico, foram observadas anomalias radiculares significativas em comparação com o controlo. Observou-se uma peculiaridade no padrão de crescimento das raízes: o sistema de raízes axiais parou abruptamente e ficou inchado, tendo sido observada a ramificação de raízes secundárias com muito espessamento. As raízes foram drasticamente reduzidas e o sistema de rebentos não foi muito distorcido, mas reduzido em comprimento. O estudo anatómico das raízes da planta tratada com arsénico mostrou (Placa 5.II) que houve uma perda de pêlos radiculares e houve uma desorganização notável no sistema vascular, o que indica que a toxicidade do arsénico teve um efeito proeminente no sistema de condução, no entanto, a organização de outras raízes foi mais ou menos semelhante à do controlo.

A placa 3 apresenta a morfologia das plântulas de grão-de-bico tratadas com mercúrio. A fotografia mostra que a inibição do crescimento da raiz não é semelhante à das plântulas tratadas com arsénico, mas obviamente foram observadas algumas deformações no rebento, que ficou com um crescimento atrofiado. Do ponto de vista anatómico, observou-se que a raiz estava desprovida de pêlos radiculares e as células corticais eram mais ou menos normais com alguma variação na sua parede celular (placa 5.III). A anatomia do feixe vascular era mais ou menos igual à observada nas plântulas tratadas com arsénio. O sistema radicular do grão-de-bico tratado com chumbo mostrou anormalidades significativas no crescimento da raiz com crescimento atrofiado e a raiz primária após certa fase de crescimento foi observada a desintegração dos tecidos (Placa 4). A própria raiz ficou muito inchada. Foi observada uma ramificação secundária, também de carácter anormal. Algumas das raízes mostraram pigmentação no ponto terminal. Os sistemas de rebentos não eram normais como os do controlo e eram de natureza suculenta e de crescimento atrofiado. A anatomia da raiz revela que o chumbo causa deformações no sistema radicular, que eram muito proeminentes, e encontradas no desenvolvimento de pêlos radiculares a partir da epiderme da raiz. No controlo (Placa 5.I), os pêlos radiculares eram densos e atrofiados em comprimento, mas no caso do tratamento com chumbo (Placa 5.IV), o crescimento dos pêlos radiculares era extenso em comprimento, mas não tão denso como no controlo. As células corticais eram mais ou menos normais, mas havia uma deposição de massas espalhadas sobre as células corticais. Nas células vasculares, verificou-se uma variação proeminente nos vasos do xilema, que apresentavam uma certa natureza ramificada. Os tecidos do floema também mostraram muita deformidade. A partir dos estudos anatómicos acima referidos, pode concluir-se que, sob determinadas concentrações de metal pesado, há um efeito prejudicial definitivo, bem como um comportamento de crescimento anormal no sistema de raízes e rebentos, que acaba por deformar a estrutura da planta.

Estudo citológico

Os efeitos do metal pesado na estrutura citológica, principalmente nos cromossomas, após os tratamentos, bem como no controlo não tratado, são discutidos a seguir. O número 2n do cromossoma do grão-de-bico *(Cicer arietinum L.)* é 8. Observaram-se pequenas alterações em comparação com o controlo não tratado no que diz respeito a diferentes fases da divisão celular mitótica no caso do tratamento com metais pesados como o arsénio, o chumbo e o mercúrio. As peculiaridades citológicas no tecido radicular, após os tratamentos com arsénio, revelam diferenças no tamanho da forma das células (placa 6 II A, 6 II B e 6 II C). Algumas anomalias na divisão em telófase (placa 6 II C) podem ser observadas nas placas 6 I A, 6.I.B, 6 I C e 6 I D. No entanto, no caso do tratamento com chumbo, placa 6 III A, a disposição dos cromossomas na fase de metáfase foi afetada, embora as outras fases tenham sido consideradas normais. As anomalias cromossómicas mais significativas em diferentes ciclos de divisão foram observadas nas células da raiz tratadas com mercúrio. As anomalias cromossómicas incluem a separação anormal de cromátides (placa 6 IV B) e a formação de pontes cromossómicas na placa 6 IV C. As observações supramencionadas corroboram os resultados de Somesh *et al.* (2005) em *allium cepa* com chumbo e zinco, e de Kumar *et al.* (2008) em ervilha. No entanto, a maior anomalia cromossómica observada por Somesh *et al. e* Kumar *et al.* (l.c.), em comparação com as anomalias observadas pelo presente autor, pode dever-se à maior concentração de metais pesados por eles utilizada. Se a concentração de metais pesados utilizada pelo presente autor estiver disponível no solo, a cultura do grão-de-bico pode não ser seriamente afetada devido às pequenas anomalias cromossómicas aqui observadas nas células.

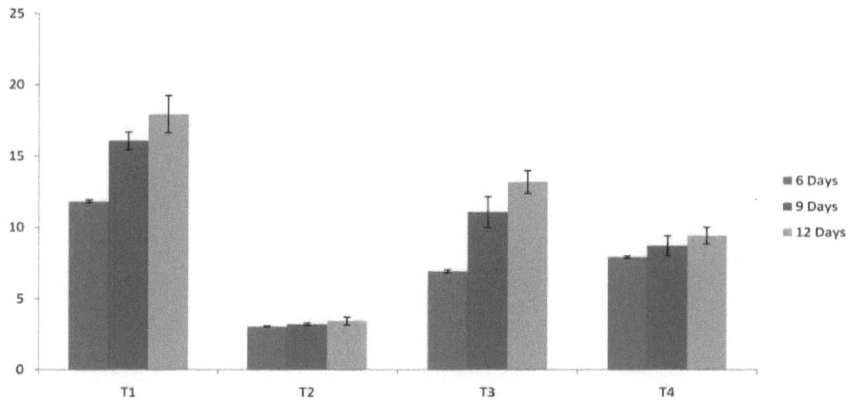

Fig. 1 Efeitos dos tratamentos com arsénio, mercúrio e chumbo no comprimento das raízes de *Cicer arietinum L.*

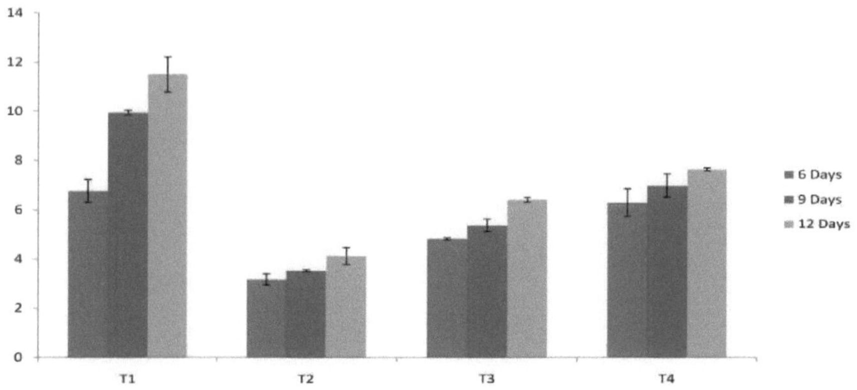

Fig. 2 Efeitos dos tratamentos com arsénio, mercúrio e chumbo no comprimento dos rebentos de *Cicer arietinum L.*

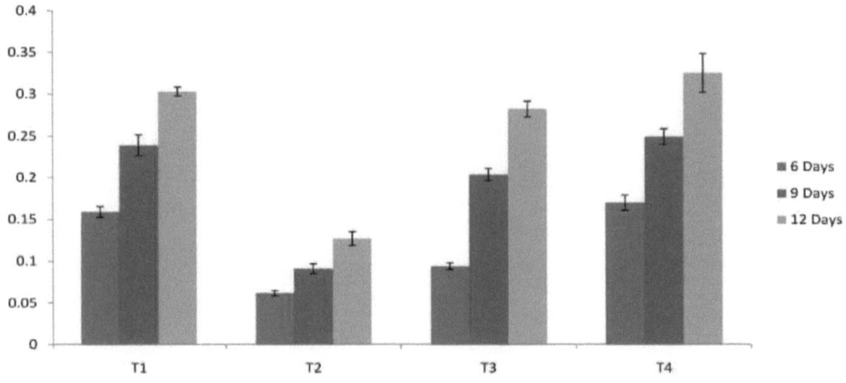

Fig. 3 Efeitos dos tratamentos com arsénio, mercúrio e chumbo no peso fresco da raiz de *Cicer arietinum L.*

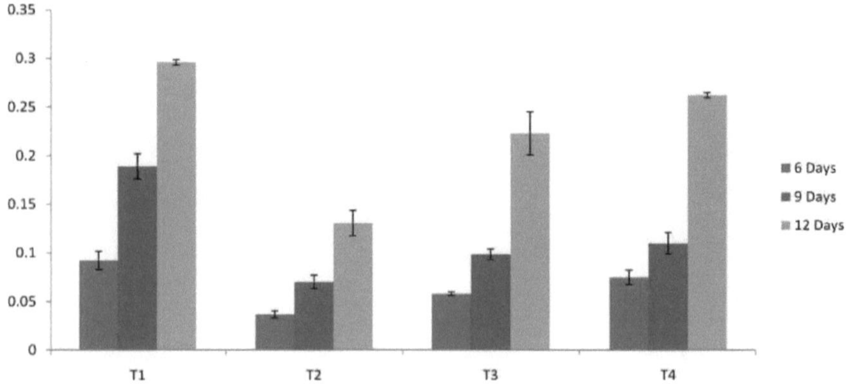

Fig. 4 Efeitos dos tratamentos com arsénio, mercúrio e chumbo no peso seco da raiz de *Cicer arietinum L.*

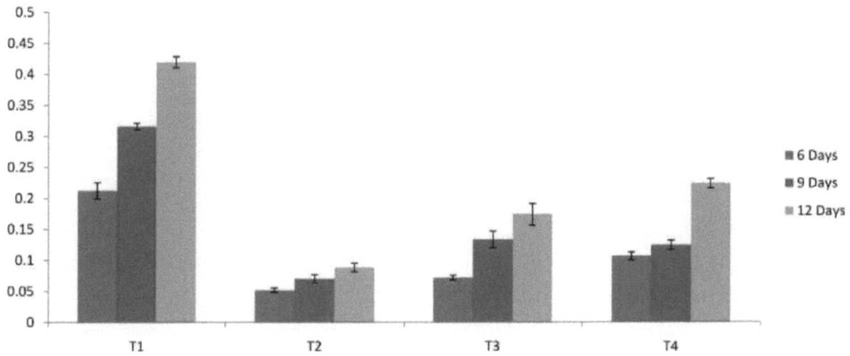

Fig. 5 Efeitos dos tratamentos com arsénio, mercúrio e chumbo no peso fresco dos rebentos de *Cicer arietinum L*

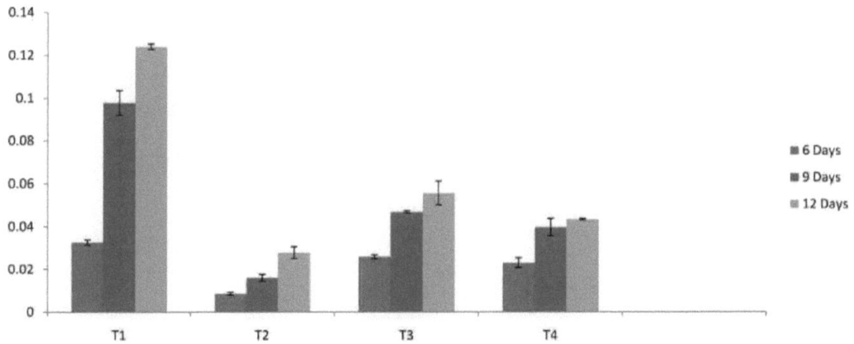

Fig. 6 Efeitos dos tratamentos com arsénio, mercúrio e chumbo no peso seco dos rebentos de *Cicer arietinum L.*

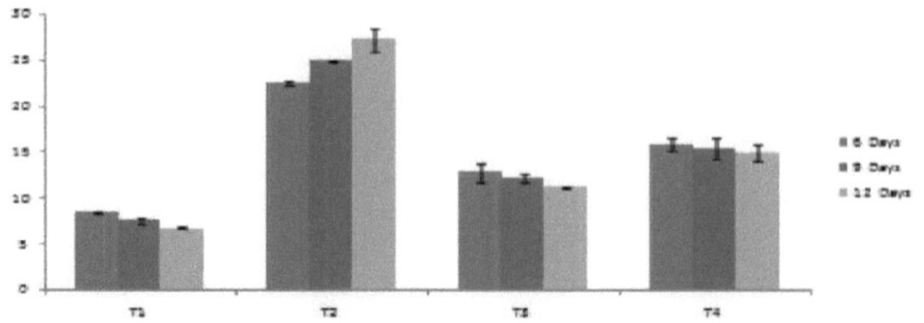

Fig. 7 Efeitos dos tratamentos com arsénio, mercúrio e chumbo na peroxidação lipídica em raízes de *Cicerarietinum L*

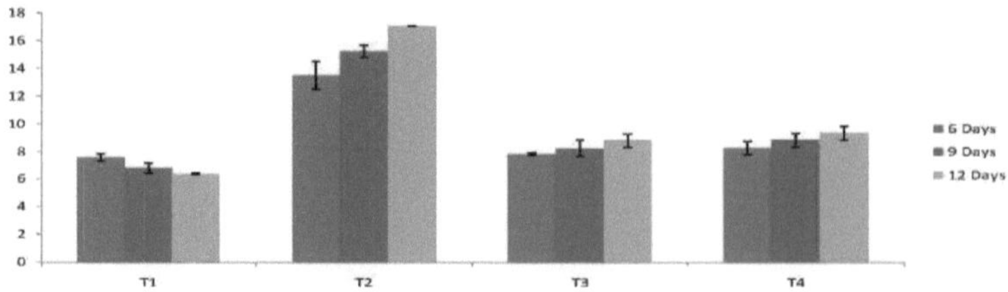

Fig. 8 Efeitos dos tratamentos com arsénio, mercúrio e chumbo na peroxidação lipídica em rebentos de *Cicer arietinum L.*

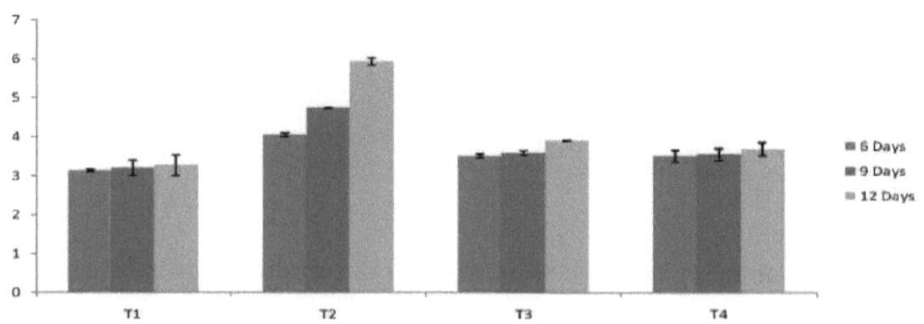

Fig. 9 Efeitos dos tratamentos com arsénio, mercúrio e chumbo no teor de fenóis totais na raiz de *Cicer arietinum L.*

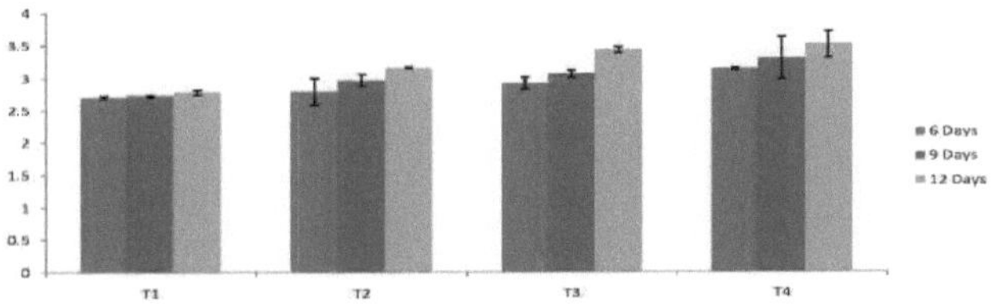

Fig. 10 Efeitos dos tratamentos com arsénio, mercúrio e chumbo no teor de fenóis totais em rebentos de *Cicer arietinum L.*

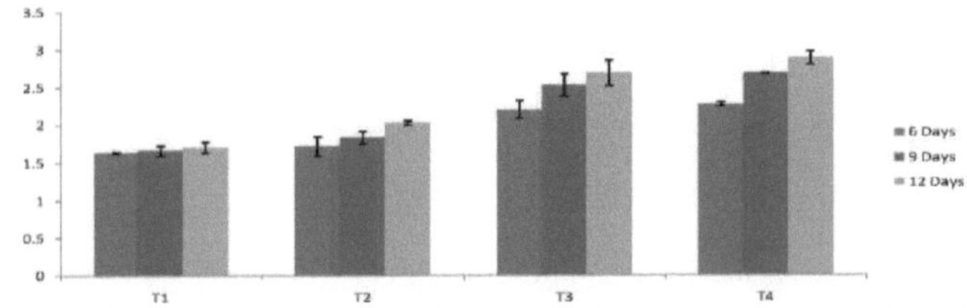

Fig. 11 Efeitos dos tratamentos com arsénio, mercúrio e chumbo no teor de fenóis livres na raiz de *Cicer arietinum L.*

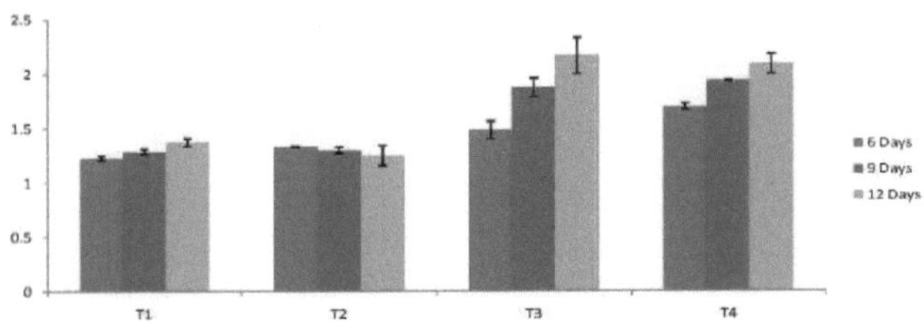

Fig. 12 Efeitos dos tratamentos com arsénio, mercúrio e chumbo no teor de fenóis livres em rebentos de *Cicer arietinum L*

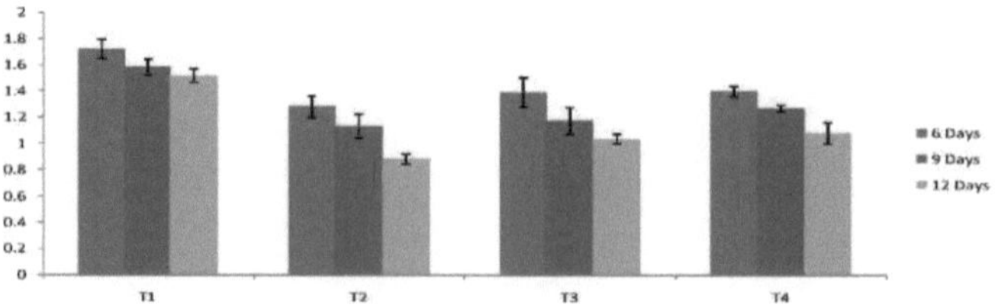

Fig. 13 Efeitos dos tratamentos com arsénio, mercúrio e chumbo na atividade da SOD na raiz de *Cicer arietinum L*

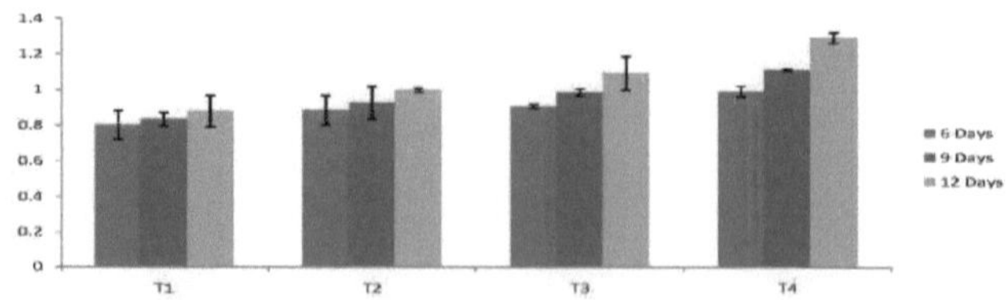

Fig. 14 Efeitos dos tratamentos com arsénio, mercúrio e chumbo na atividade da SOD em rebentos de *Cicer arietinum L.*

Placa: 1 A fotografia mostra o padrão de crescimento das plântulas do conjunto de controlo

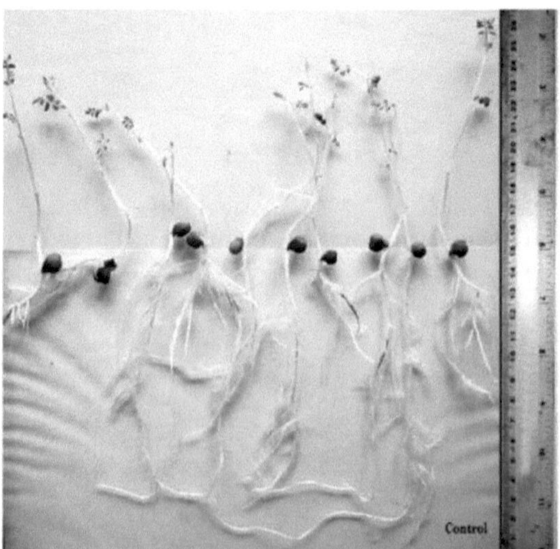

Placa: 2 A fotografia mostra o padrão de crescimento das plântulas tratadas com arsénio

Placa: 3 A fotografia mostra o padrão de crescimento das plântulas tratadas com mercúrio

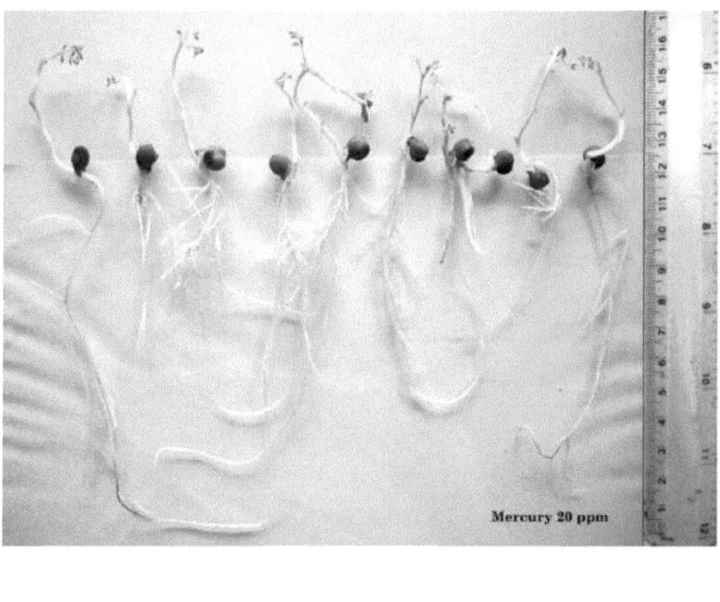

Placa: 4 A fotografia mostra o padrão de crescimento das plântulas tratadas com chumbo

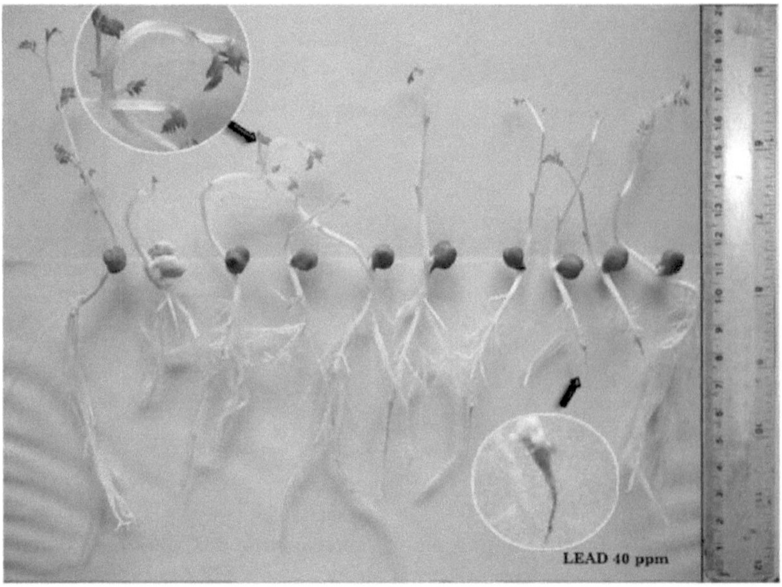

Placa: 5 A fotografia mostra a secção anatómica da raiz tratada com metais pesados juntamente com o controlo

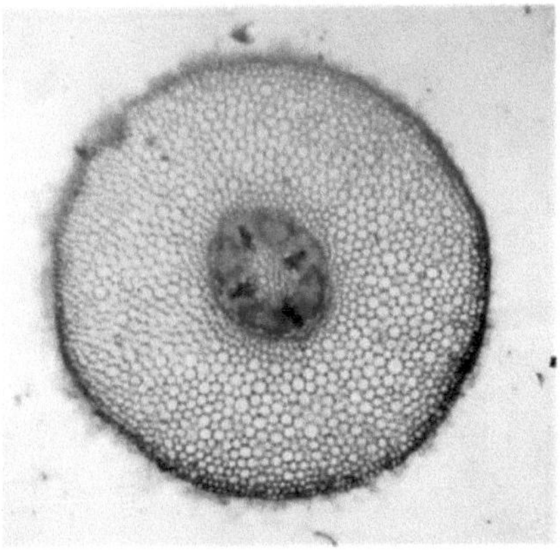

Placa: 5.1 Controlo não tratado

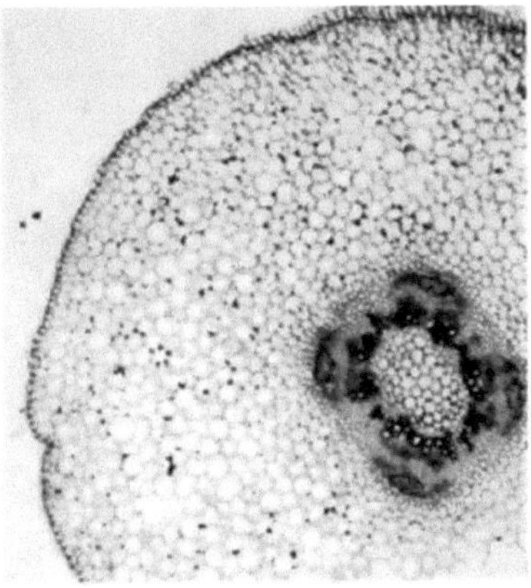

Placa: 5.II Arsénio 5 ppm

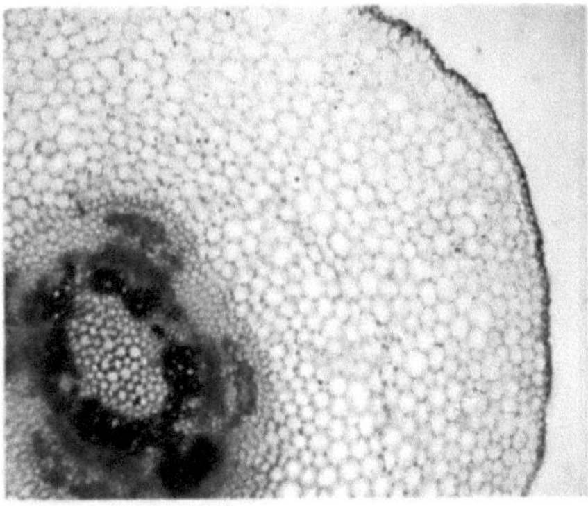

Placa: 5.III Mercúrio 20ppm

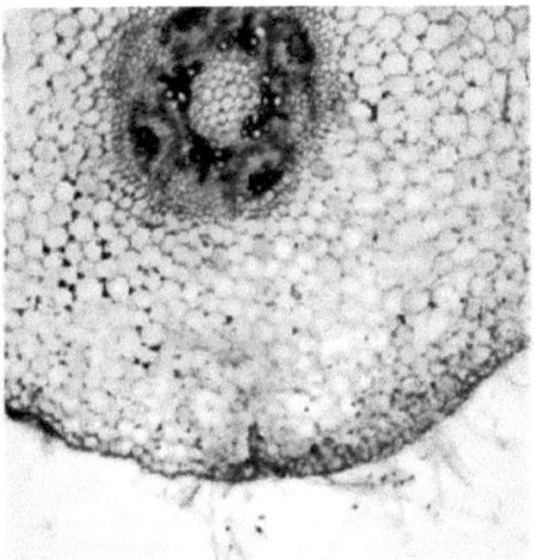

Placa: 5.IV chumbo 40 ppm

Placa: 6 Efeitos do metal pesado na estrutura citológica com controlo

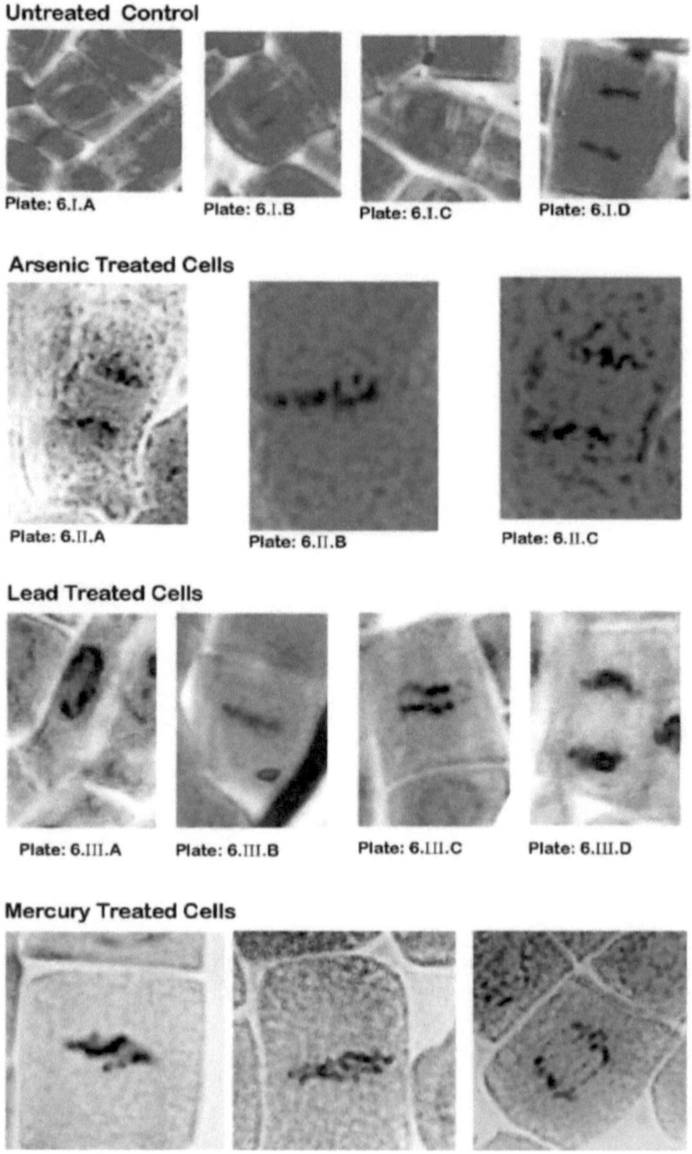

Resumo e conclusão

Foi realizada uma investigação para assegurar o impacto do arsénio, do chumbo e do mercúrio em alguns aspectos fisiológicos, bioquímicos, anatómicos e citológicos nas plântulas de grão-de-bico. Esta cultura foi cultivada em placas de vidro com a aplicação de soluções de arsénio, chumbo e mercúrio em diferentes concentrações. O efeito dos metais pesados citados sobre o nível de fenol total e livre, a peroxidação lipídica e a atividade da superóxido dismutase, juntamente com o comprimento da raiz e do rebento, o peso fresco e seco, foi estudado nas plântulas de grão-de-bico aos 6, 9 e 12 dias. Foram também observadas anomalias cromossómicas e alterações morfo-anatómicas na raiz apenas no sexto dia de crescimento das plântulas. A aplicação de arsénio provocou uma inibição e danos mínimos no crescimento da raiz e do rebento do grão-de-bico, respetivamente. Assim, a aplicação de arsénio resultou nos menores aumentos de peso fresco e seco tanto na raiz como no rebento das plântulas de grão-de-bico. Por outro lado, o arsénico provocou um aumento máximo da peroxidação lipídica, seguido do chumbo e do mercúrio, tanto na raiz como no rebento das plântulas de grão-de-bico. Além disso, o chumbo provocou os maiores aumentos na atividade da superóxido dismutase na raiz e no rebento das plântulas de grão-de-bico. Por outro lado, o arsénio provocou a atividade mais baixa da SOD tanto na raiz como no rebento do grão-de-bico. Além disso, o arsénico provocou o aumento máximo do nível de fenol total, seguido do mercúrio e do chumbo na raiz do grão-de-bico. Por outro lado, o chumbo provocou o aumento máximo do teor de fenóis totais no rebento do grão-de-bico. Além disso, o mercúrio provocou o maior aumento do nível de fenol livre nas plântulas de grão-de-bico, seguido do chumbo e do mercúrio. O arsénico provocou o máximo de anomalias nas raízes, em comparação com o mercúrio e o chumbo. No que diz respeito aos estudos citológicos, as anomalias cromossómicas na divisão mitótica não foram muito frequentes, mas em certos estudos mitóticos observou-se a presença de pontes cromossómicas, o que indica que a formação do fuso e a separação da fibra cromatídica na metáfase e na telófase foram de alguma forma perturbadas devido à toxicidade dos metais pesados. Os resultados do presente estudo revelam que os metais pesados exercem uma influência prejudicial nas propriedades fisiológicas, bioquímicas, anatómicas e citológicas das plântulas de grão-de-bico. A este respeito, o chumbo aumenta a atividade máxima da superóxido dismutase tanto na raiz como no rebento do grão-de-bico, respetivamente. Por outro lado, o arsénio causou os efeitos adversos máximos, em relação ao resto dos estudos de atributos fisiológicos, bioquímicos e anatómicos das plântulas de grão-de-bico. No entanto, o mercúrio foi superior aos outros em relação ao fenol livre na raiz da plântula de grão-de-bico. Assim, tendo em conta os efeitos adversos do arsénio, a sua utilização pode ser restringida.

Âmbito futuro da investigação

O presente estudo sobre o grão-de-bico foi efectuado em condições controladas, com algum stress de metais pesados. Os resultados mostraram um efeito proeminente, mas esta experiência deve ser repetida em condições de campo e de forma elaborada para confirmar os resultados. Além disso, deve ser efectuado um estudo mais pormenorizado sobre a melhoria e a qualidade para determinar se o grão-de-bico é adequado para consumo humano. Além disso, a investigação deve ser efectuada para determinar onde os efeitos dos metais pesados aparecem mais tarde, onde foram cumulativos após a aplicação repetida em diferentes sistemas de rotação de culturas. Também pode ser estudado se a variação genética ou a mutação da planta ocorre devido à aplicação repetida de metais pesados em algumas culturas nesta região agro-climática.

BIBLIOGRAFIA

Alia, M.; Horcajo, C.; Bravo, L. e Goya, L. (2003). Efeito da fibra alimentar antioxidante da uva sobre a capacidade antioxidante total e a atividade das enzimas antioxidantes hepáticas em ratos. *Nutr. Res.* **23**: 1251-1267.

Amic, D.; Davidovic-Amic, D.; Beslo, D. e Trinasjstic, N. (2003). EstruturaRadical scavenging activity relationship of flavonoids. *Croatia Chem. Ata.* **76**: 55-61.

Aydinalp, C. e Marinova, S. (2009). Os efeitos de metais pesados na germinação de sementes e no crescimento de plantas em *alfafa. Bul. J. of Agril. Sci.* **15** (4): 347350.

Beyer, W.F. e Fridovich, I. (1971). Ensaio da atividade da Superóxido Dismutase: ensaio melhorado aplicável a géis de acriiamida. *Annal. Biochem.* **106** (4): 372-79.

Bhardwaj, P.; Chaturvedi, K.A. e Prasad P. (2009). Effect of Enhanced Lead and Cadmium in soil on Physiological and Biochemical attributes of *Phaseolus vulgaris L. Nature and Science.* **7**(8): 63-75.

Brummer, G.; Gerth, J. e Herms, U. (1986). Heavy metal species, mobility and availability in soils; Z. *Planzenernaehr Bodenkd,* **149**:382-398.

Davies, K.J.A. (2001). Oxidative stress, antioxidant defenses, and damage removal, repair, and replacement systems, *IUBMB Life* **50**: 279-289.

Dey, K.S.; Dey, J.; Patra, S. e Pothal, D. (2007). Alterações nas atividades de enzimas antioxidativas e peroxidação lipídica em plântulas de trigo expostas ao estresse de cádmio e chumbo. *Braz. J. Plant Physiol.* **19**(l):53-60.

Fam ,S.S. e Morrow, J.D. (2003). Os isoprostanos: produtos únicos da oxidação do ácido araquidónico - uma revisão. *Curr. Med. Chem.* **10**: 1723-1740.

Geldmacher, V.M. (1984). Significado dos metais pesados na toxicologia; *Anal Chem.* **317**:427-432.

Gill, S.S. e Tuteja, N. (2010). Espécies reactivas de oxigénio e maquinaria antioxidante na tolerância ao stress abiótico em plantas cultivadas. *Fisiologia e bioquímica das plantas.* **48**: 909-930.

Gunes, A.; Pilbeam, D. e Inal, A. (2009). Efeito da interação arsénio-fósforo no stress oxidativo induzido pelo arsénio em plantas de grão-de-bico. *Plant and Soil.* **314** (1-2): 211-220.

Gupta, D.K.; Tripathi, R.D.; Mishra, S.; Srivastava, S.; Dwivedi, S.; Rai, U.N.; Yang, X.E.; Huanj, H. e Inouhe, M. (2008). Acumulação de arsénio na raiz e no rebento vis-à-vis os seus efeitos no crescimento e no nível de fitoquelatinas em plântulas de *Cicer arietinum L. Journal of Environmental Biology.* **29**(3):281-286.

Hamid, N.; Bukhari, N. e Jawaid, F. (2010). Respostas fisiológicas de *phaseolus vulgaris* a diferentes concentrações de chumbo. *Pak. J. Bot.* **42**(1): 239-246.

Houshmandfar, A. e Moraghebi, F. (2011). Efeito da mistura de cádmio, cobre, níquel e zinco na germinação de sementes e no crescimento de plântulas de cártamo. *Jornal Africano de Investigação Agrícola.* **6**(6): 1463-1468.

Hussain, K. (2010) *Bacopa monnieri* (L.) Pennell - um bom biomarcador da poluição/contaminação da água. *J. of Stress Physiology & Biochem.* ***6*** (3): 91-101.

Islam, R.K. e Muhammad, S. (2007). Efeitos tóxicos dos metais pesados no crescimento inicial e na tolerância das culturas de cereais. *Pak. J. Bot.* **39**(2): 451-462.

Kachout, S.S.; Mansoura, B.A.; Leclerc, C.J.; Mechergui, R.; Rejeb, N.M. e Ouerghi, Z. (2009). Efeitos de metais pesados nas actividades antioxidantes de Atriplex hortensis e *A. rosea. J. of Food, Agril & Env.* **7**: 938 - 945.

Kalyanaraman, S. B. e Sivagurunathan, P. (1993). Efeito do cádmio, cobre e zinco no

crescimento da grama preta. *J. affiant Nutrition.* **16**(10): 2029- 2042.
Kanatt, S.R.; Chander, R. e Sharma, A. (2007). Potencial antioxidante da hortelã *(Mentha spicata L.)* na carne de borrego processada por radiação. *Food Chem.* **100**: 451458.
Keilig, K. e Ludwig-Muller, J. (2009). Efeito dos flavonóides na tolerância a metais pesados em mudas de Arabidopsis thaliana. *J. Botanical Studies.* **50**: 311- 318.
Kenjale, R.D.; Shah, K.R. e Sathaye, S.S. (2007). Efeitos anti-stress e anti-oxidantes das raízes de *Chlorophytum borivilianum (Santa Pau & Fernandes). Indian J of Experimental Biology.* **45**. 980-983.
Khedar, O.P.; Sing, R.V.; Shrimali, M. e Sing, N.P. (2008). Pulses status and cultivation technology. *Aavishkarpublisher, Jaipur, Índia.* **4**: 1-197.
Kumar, G. e Tripathi, R. (2008). Citotoxicidade e mutagenicidade induzidas por chumbo em ervilha. *Turk J Biol.* **32**: 73-78.
Lidon, F.C. e Menriqum, F.S. (1993). Toxicidade mediada pelo cobre em cloroplastos de arroz, photosynthetica. **29** : 358-400.
Mahmood, T.; Islam, K.R. e Muhammad, S. (2007). Efeitos tóxicos dos metais pesados no crescimento inicial e na tolerância das culturas de cereais. *Pak. J. Bot.* **39**(2): 451462.
Mathe-Gaspar, G.; Peter-Mathe, L.; Szabo, B.; Orgovanyi, N.; Uzinger, k. e Anton, A. (2005). Aftereffect of heavy metal pollution in a brown forest soil. Ata Biol *Szegediensis.* **49**(1-2): 71-72.
McGrath. S.P.; Chaudri, M.A. e Giller, E.K. (1995). Long-term effects of metals in sewage sludges on soils, microorganisms and plants (Efeitos a longo prazo dos metais nas lamas de depuração nos solos, microrganismos e plantas). *J. Ind. Microbiol.* **14**: 94-104.
Michalak, A. (2006). Compostos fenólicos e sua atividade antioxidante em plantas que crescem sob stress de metais pesados. *Polish J. of Environ. Stud.* **15**(4): 523- 530.
Mishra, M.; Mishra, K.P.; Kumar, U. e Prakash, V. (2009). NaCl Phytotoxicity Induces Oxidative Stress and Response of Antioxidant Systems in *Cicer arietinum L.* CV. *Abrodhi. Botany Research International* **2** (2): 74-82.
Morsy, A.A.; Salama, A.H.K.; Kamel, A.H. e Mansour, F.M.M. (2012). Efeito de metais pesados nos lípidos da membrana plasmática e enzimas antioxidantes de espécies de *Zygophyllum*; *Eurasia J Biosci.* **6**: 1-10.
Munzuroglu, O. e Geckil, H. (2006). Effects of metals on seed germination, root elongation, and coleoptile and hypocotyl growth in *Triticum aestivum* and *Cucumis sativus. Arquivos de Contaminação Ambiental e Toxicologia.* **43**: 203-213.
Nies, D.H. (1999) Microbial heavy-metal resistance: Applied Microbiology Biotechnology; **51**: 730-750.
Ohkowa, H.; Ohisi, N. e Yagi, K. (1979). Ensaio para tecido animal de peroxidases lipídicas por esta reação de ácido barbicúrico. *Analytical biochemistry,* **95** : 351- 358.
Parmar, P.; Patel, J.M.; Bhaumik, D. e Subramanian, B.R. (2012). Acumulação de níquel por Colocassia esculentum e seu impacto no crescimento e fisiologia das plantas. *Jornal Africano de Investigação Agrícola.* **7**(24): 3579-3587.
Patra, M. e Sharma, A. (2000). Mercury toxicity in plants (Toxicidade do mercúrio nas plantas). Botany Review, **66**: 379-422.
Patra, M., Bhowmik, N., Bandopadhyay, B. e Sharma, A. (2004). Comparação de mercúrio, chumbo e arsénio no que respeita aos efeitos genotóxicos nos sistemas vegetais e ao desenvolvimento de tolerância genética; Environ. *Exp. Bot.* **52**: 199-223.

Randhir, R; Shetty, K. (2007). O feijão mungo processado por bioconversão em estado sólido melhora o conteúdo fenólico e a funcionalidade relevantes para a gestão da diabetes e das úlceras. *Innovative F. Sc. & Emerging Tech. V.* **8** (2): 197-204.
Rastgoo, L. e Alemzadeh, A. (2011). Respostas bioquímicas de Gouan *(Aeluropus littoralis)* ao stress de metais pesados. *AJCS* **5**(4):375-383.
Ren, C.S.; Liu, L.Z. e Wang, P. (2012). Composição aproximada e teor de flavonóides e atividade antioxidante in vitro de 10 variedades de sementes de leguminosas cultivadas. *China J de Pesquisa de Plantas Medicinais* **6**(2): 301-308.
Roy, S.B. e Bera, A.K. (2002). Effect of mercury and manganese on amylase, protease and peroxidase enzyme activities in the germinated seedlings of mungbean. *Adv. Plant Sci.* **15**(1): 201-206.
Sakihama, Y.; Cohen, M.F.; Grace, S.C. e Yamasaki, H. (2002). Actividades antioxidantes e pró-oxidantes de fenólicos de plantas: danos oxidativos induzidos por fenólicos mediados por metais em plantas. *Toxicology.* **177**(1):67-80.
Sass, J.E.; (1937). Estudos histológicos e citológicos do etilmercúrio envenenamento por fosfato em plântulas de milho. *Fitopatologia* **27**: 95-99.
Sharma, P.; Jha, A.B.; Dubey, R.S. e Pessarakli, M. (2012). Espécies Reactivas de Oxigénio, Danos Oxidativos e Mecanismo de Defesa Antioxidativo em Plantas sob Condições de Stress. *Journal of Botany.* **2012**: Artigo ID 217037, 26 páginas.
Shaw, B.P. e Rout, N.P. (1998). Respostas dependentes da idade de Phaseolus aureus Roxb. Aos sais inorgânicos de mercúrio e cádmio. *Ata Physiol Plant.* **20** : 85-90.
Singh, Y. e Malik, C.P. (2011). Fenóis e sua atividade antioxidante em mudas de Brassica juncea crescendo sob estresse de HgCl2. *J. Microbiol. Biotech. Res.* **1** (4): 124-130.
Somesh, Y.; Kumar H.S. e Meenu, S. (2005). Efeitos tóxicos de alguns metais pesados utilizando ensaios de aberrações cromossómicas em plantas. *International J. of Plant R.* **18**: 67-77.
Stepanok, V., (1998). O efeito do arsénico no rendimento e no teor elementar de composição das culturas agrícolas. *Agrokhimiya.* **12**, 57-63.
Stoeva, N.; Berova, M.; Zlatev, Z. (2003). Physiological response of maize (*Zea Mays L.)* to different levels of As contamination. *Biol. Plant.* (Em impressão).
Stosh, S.J. e Bagchi. D. (1995). Mecanismos oxidativos na toxicidade dos iões metálicos. *Free Rad Biol. Med.* **18** : 321-356.
Theriappan, P.; Gupta, K. A.; Dhasarathan, P. (2011). Acumulação de prolina sob estresse de salinidade e metais pesados em mudas de couve-flor. *J. Appl.Sci. Environ. Manage.* **15** (2): 251 - 255.
Toppi, L.S. e Gabbrielli, R. (1999). Resposta ao cádmio em plantas superiores. *Botânica Ambiental e Experimental,* **41**: 105-130.
Tran, H.P.; Prakash, S.A.; Barnard, R.; Chiswell, B. e Ng, C.J. (2002). O arsénio inibe a reparação de danos no ADN induzidos pelo benzo(a)pireno. *Toxicology Letters* **133**: 59-67.
Tripathi, R. e Girjesh, K. (2010). Perda genética através de adesividade cromossómica induzida por metais pesados em ervilha forrageira. *Caryologia.* **63**(3): 223-228.
Veeru, P.; Kishor, M.P. e Meenakshi, M. (2009). Triagem de extractos de plantas medicinais para atividade antioxidante. *J. of Medicinal P. Research.* **3**: 608-612.
Verma, S. e Dubey, S.R. (2003). A toxicidade do chumbo induz a peroxidação lipídica e altera as actividades das enzimas antioxidantes em plantas de arroz em crescimento. *Ciência das*

Plantas **164** : 645-655.
Vinson, J. A.; Hao, Y.; Su X. e Zubik L. (1998). Quantidade e Qualidade de Antioxidantes Fenólicos em Alimentos: Vegetables. *J. Agric. Food Chem.* **46** (9): 3630- 3634.
Wells, B. e Gilmor, J. (1997). Esterilidade em cultivares de arroz influenciada pela taxa de MSMA e maneio de água. *Agron. J.* **69**, 451-454.
Zhang, F.Q.; Wang, Y.S.; Lou, Z.P. e Dong J.D. (2007). Efeito do stress de metais pesados sobre as enzimas antioxidantes e a peroxidação lipídica nas folhas e raízes de duas plântulas de plantas de mangue (*Kandelia candel* e *Bruguiera gymnorrhiza*). *Chemosphere.* **67**(1):44-50.

MIX
Papier aus verantwortungsvollen Quellen
Paper from responsible sources
FSC® C105338

Printed by Books on Demand GmbH, Norderstedt / Germany